Nice Morning
Nice Morning
Nice Morning

장진아

보틀프레스

나의 아침
당신의 아침
우리들의 아침

—

'Nice morning,
Nice routine,
Nice day'

CONTENTS

11	12	13	14	15
연근 대파 달걀 노른자	토마토 배추김치 달걀	표고버섯 영양부추 캐슈너트	바나나 고추피클 그릭요거트	숙주 유부 치즈

16	17	18	19	20
새송이버섯 알배기배추 아몬드	브로콜리 치즈 달걀	참나물 양파 반숙란	우엉 완두콩 치즈	아몬드밀크 두부 피넛버터

아침에 관한 14가지 짧은 글,

그리고 사소한 긍정이 쌓이는 아침의 대화.

커다랗고 화려한 것이 아닐지라도
가치롭다고 여기는 작은 습관을 꾸준히 행하고,
그 순간이 건네는 건강한 에너지가 쌓이는 일상을
차곡차곡 간직하며
스스로를 돌보는 삶을 살아내는 것.

'조그맣고 수수한 계획의 시작'

SPINACH *Tofu* CHEESE

01

시금치 두부 치즈

주재료 시금치 30g, 두부 ½모, 슬라이스 치즈 1장
그밖에 소금 한 꼬집, 후추 반 꼬집, 올리브오일 2작은술, 들깻가루 1작은술, 그리고 밥 ½공기

① 두부는 키친타월을 감싸서 5분 정도 물기를 빼준다. → ② 시금치는 흐르는 물에 깨끗이 씻어, 잎 부분을 듬성듬성 썬다. → ③ 시금치 줄기는 곱고 잘게 썰어 따로 둔다. → ④ 뜨겁게 달군 프라이팬에 올리브오일을 두르고 ①을 넣어 주걱으로 으깨며 볶는다. → ⑤ 두부가 모두 으깨지고 골고루 익으면 ②를 넣고 소금으로 약간 간을 한 뒤 섞으며 2~3분 더 볶는다. → ⑥ 슬라이스 치즈를 뜯어가며 넣고, 치즈가 녹으면 불을 끈 뒤 후추를 뿌려 마무리한다. → ⑦ 완성 접시에 밥을 담고 들깻가루와 ③을 얹은 후, ⑥을 함께 담아 완성한다.

RED ONION
Beech Mushroom
EGG

02

적양파　만가닥버섯　달걀

주재료 적양파 ½개, 만가닥버섯 30g, 달걀 2개
그밖에 소금 한 꼬집, 후추 반 꼬집, 올리브오일 2작은술, 홀그레인 머스터드 1작은술, 견과류 1큰술, 그리고 곡물빵

① 적양파는 껍질을 제거하고 0.5cm 크기로 채 썬다. → ② 만가닥버섯은 밑동을 제거한다. → ③ 뜨겁게 달군 프라이팬에 올리브오일을 두르고, ①에 소금을 약간 더해 중간불로 2~3분 볶는다. → ④ 만가닥버섯과 홀그레인 머스터드 1작은술을

넣고 1~2분 더 볶는다. → ⑤ 버섯이 익으면 달걀을 넣어 재료를 부드럽게 저어준다.
→ ⑥ 달걀이 기호에 맞게 익으면 불을 끄고 후추를 뿌려 마무리한다.
→ ⑦ 완성 접시에 ⑥을 담고 견과류를 토핑한 후, 빵을 곁들여 완성한다.

CHAM-NAMUL *Cherry Tomato* EGG

03

참나물 방울토마토 달걀

주재료 참나물 30g, 방울토마토 7~8알, 달걀 1개
그밖에 올리브오일 2작은술, 진간장 1작은술, 맛술 1작은술, 후추 반 꼬집, 들기름 2작은술,
그리고 밥 ½공기

① 참나물은 흐르는 물에 잎과 줄기를 씻고 키친타월로 물기를 제거한 뒤 2~3cm로 썬다.
→ ② 방울토마토는 꼭지를 제거하고 ½등분으로 썬다. → ③ 달걀은 볼에 깨서 넣고 간장과 맛술 1작은술씩 넣어 곱게 풀어준다. → ④ 달군 프라이팬에 올리브오일을 두르고 썰어둔 방울토마토를 약불로 익힌다. → ⑤ ④에 ③을 넣고 달걀이 서서히 익으면 ①을 넣어 재빠르게 섞고 불을 끈다.
→ ⑥ 완성 접시에 밥을 담고 ⑤를 끼얹은 뒤 들기름과 후추를 뿌려 완성한다.

※ 진간장은 기호에 따라 맛간장으로 대체해도 좋다.

서울양장
SPLASH
SPLASH
STANDA
GOODS

우리들의 문학시간
꽃이 없어서 이것으로 대신합니다
let's do Brunch
the new persian kitchen
THE KINFOLK TABLE
donna hay
Seasons

24

오래오래 아프지 않고
건강하게 살아야 한다는
먼 미래를 위한 막연한 채비가 아니에요.

'첫 에너지'

이제 막 새로이 태어난
나의 하루를 채우는 첫 에너지,

아침 식사는 오늘 내 몸에 쌓이는
첫 에너지인 거죠.

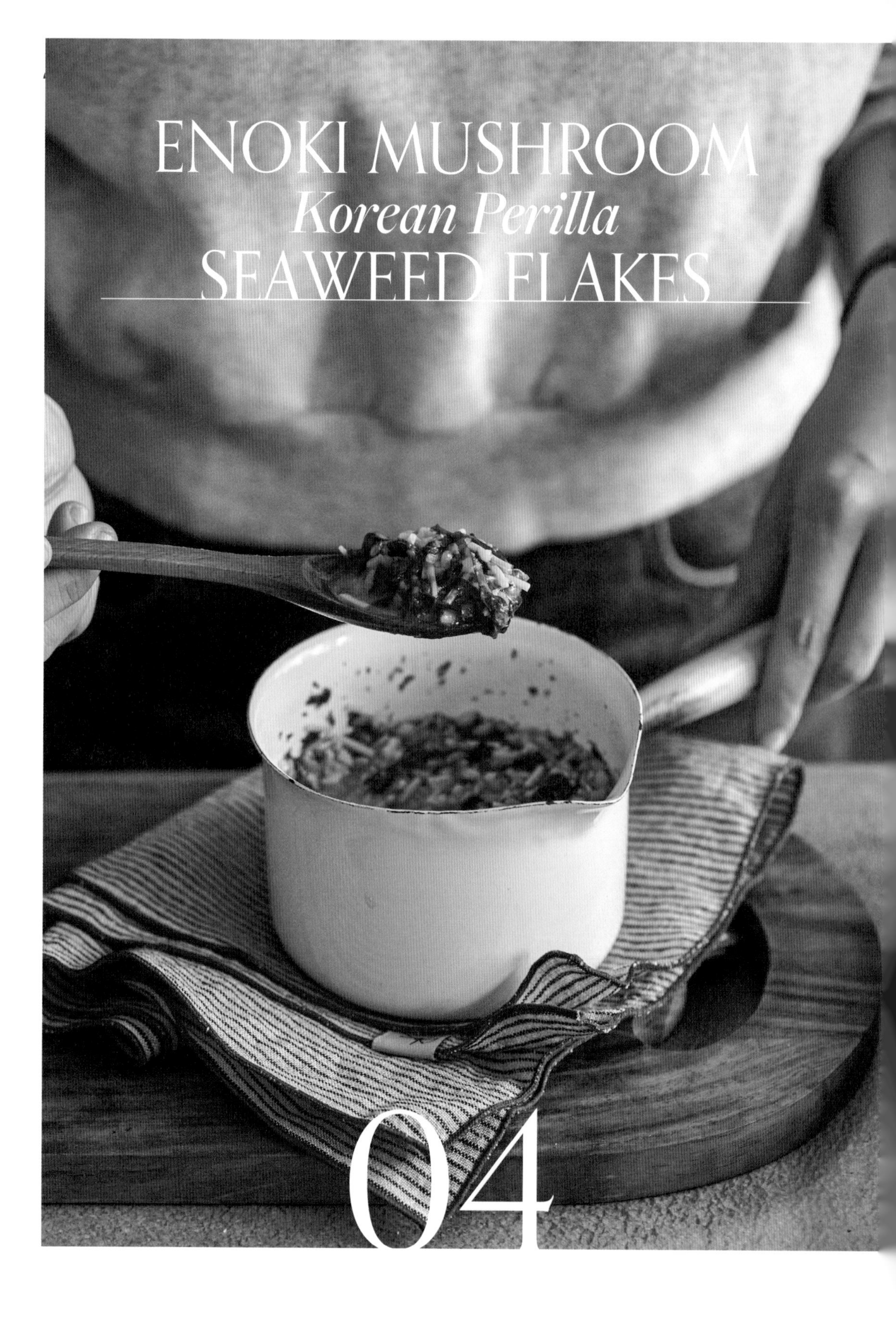
ENOKI MUSHROOM
Korean Perilla
SEAWEED FLAKES
04

팽이버섯　깻잎　김자반

주재료 팽이버섯 50g, 깻잎 5장, 김자반 3큰술
그밖에 참기름 2작은술, 진간장 1작은술, 맛술 1작은술, 깨소금 2작은술, 그리고 밥 1공기

① 팽이버섯은 밑동을 제거하고 1cm로 총총 썬다. → ② 세척한 뒤 물기를 제거한 깻잎은 돌돌 말아서 잘게 채 썬다. → ③ 냄비에 참기름과 썰어놓은 팽이버섯을 넣고 약불에 1~2분 볶는다. → ④ ③에 간장과 맛술을 1작은술씩 넣어 간을 맞춘 뒤 밥을 넣고 1분간 볶는다.

→ ⑤ ④에 물을 2컵(약 400ml) 넣고 천천히 저어주며 한소끔 끓인다. → ⑥ 밥알이 부드럽게 퍼지면 김자반을 넣고 불을 끈다. → ⑦ 그릇에 ⑥을 담고 ②와 깨소금을 얹은 뒤 참기름을 약간 끼얹어 완성한다. → ⑧ 기호에 따라 달걀 한 알 추가해서 함께 끓여 먹어도 좋다.

RED CABBAGE
Chicory
CANNED TUNA

05

적양배추 치커리 참치

주재료 적양배추 ⅛통, 치커리 10g, 참치 작은 1캔
그밖에 파마산 치즈(분말) 1큰술, 홀그레인 머스터드 1작은술,
맛술 1작은술, 견과류 1큰술, 그리고 밥 ½공기

① 적양배추는 깨끗이 씻어 한입 크기로 썬다. → ② 세척한 뒤 물기를 제거한 치커리는 잘게 썬다. → ③ 뜨겁게 달군 프라이팬에 참치 1캔(오일도 함께)과 썰어둔 적양배추를 넣고 중간불에 2~3분간 볶는다. → ④ 파마산 치즈 분말 1큰술과 홀그레인 머스터드 1작은술, 맛술 1작은술을 넣어 간을 해준다. → ⑤ 밥과 잘게 썬 치커리를 넣은 뒤 골고루 섞고 불을 끈다. → ⑥ 완성 그릇에 ⑤를 담고 선호하는 견과류를 더해 완성한다.

GREEK YOGURT
Chives
DRIED CRANBERRY

06

그릭요거트 부추 크랜베리

<u>주재료</u> 그릭요거트 100g, 영양부추10g, 말린 크랜베리 30g
<u>그밖에</u> 올리브오일 1작은술, 아가베 시럽(혹은 꿀) 1큰술, 견과류 1큰술, 그리고 식빵

① 부추는 잘게 총총 썬다. → ② 볼에 요거트를 담고, ①과 말린 크랜베리와
아가베시럽(혹은 꿀)을 1큰술을 넣고 잘 섞는다. → ③ 토스트한 식빵 위에 ②를 듬뿍
올리고, 좋아하는 견과류와 올리브오일을 뿌려 완성한다.

일상 日常

: 날마다 반복되는 생활

평소 平素

: 특별한 일이 없는 보통 때

보통 때의
반복되는 식생활이 주는,
선물 같은 내 몸의 변화

'일상, 평소'

아침과 아침 식사를 대하는 태도.
그 안에서 내가 하루를 어떻게 마주할지 엿볼 수 있어요.

그것은
나의 하루를 대하는 마음의 온도이기도 해요.

'태도와 온도'

CHICK PEAS *Red Cabbage* CHEESE

07

병아리콩 적양배추 치즈

주재료 삶은 병아리콩 2큰술, 적양배추 50g, 슬라이스 치즈 1장
그밖에 올리브오일 2작은술, 소금 한 꼬집, 후추 반 꼬집, 그리고 바나나 1개

① 적양배추는 깨끗이 씻어 잘게 채 썬다. → ② 달군 프라이팬에 올리브오일을 두르고 적양배추 채를 넣어 중간불에 1분간 볶는다. → ② 삶은 병아리콩을 넣은 뒤 소금으로 약간의 간을 하고 1분간 볶는다. → ② ③에 슬라이스 치즈를 찢어 넣고 치즈가 녹으면 골고루 섞은 뒤 불을 끈다. → ② 완성 그릇에 ④를 담고 후추를 뿌려 마무리하고, 바나나를 곁들여 완성한다.

TOFU *Egg* BASIL PESTO

08

두부 달걀 바질페스토

주재료 두부 ½모, 달걀 2개, 바질페스토 1큰술
그밖에 올리브오일 2작은술, 소금 한 꼬집, 후추 반 꼬집, 아몬드나 땅콩 가루 2작은술,
그리고 밥 ½공기

① 뜨겁게 달군 프라이팬에 올리브오일을 두르고 두부를 넣고 으깨며 중간불에 1분간 볶는다.
→ ② ①에 달걀을 그대로 넣고 소금, 후추로 간을 한 뒤 두부와 달걀이 골고루 섞이도록
저어준다. → ③ 달걀이 기호에 맞게 익으면 불을 끄고, 바질페스토 1큰술을 넣어 섞는다.
→ ④ 완성 그릇에 밥을 담고, ③을 곁들인 뒤 아몬드나 땅콩 가루를 올려 완성한다.

OYSTER MUSHROOM *Onion* CHEESE

09

느타리버섯 양파 치즈

주재료 느타리버섯 100g, 양파 ½개, 슬라이스 치즈 1장
그밖에 올리브오일 2작은술, 소금 한 꼬집, 후추 반 꼬집, 호박씨 2작은술, 그리고 베이글

① 양파는 0.5cm로 채 썬다. → ② 베이글은 토스트해 준비해둔다. → ③ 달군 프라이팬에 올리브오일을 두르고 양파를 넣고 중간불로 2분간 볶는다. → ④ ③에 느타리버섯을 뜯어 넣고 소금, 후추로 간을 한 뒤 1분간 볶는다. → ⑤ ④에 슬라이스 치즈를 넣고 치즈가 녹으면 불을 끈 뒤 잘 섞는다. → ⑥ 완성 그릇에 베이글을 담고 ⑤를 올린 뒤 후추와 호박씨를 흩뿌려 완성한다.

Brunch
the new persian kitchen
THE KINFOLK TABLE
donna hay
Seasons

아침마다
자신에게 선사하는
사소한 긍정이 쌓여가는
내 일상의 꾸준함.

'사소한 긍정'

간단하고 깨끗한.

BUTTON MUSHROOM
Kale
EGG

10

양송이버섯 케일 달걀

주재료 양송이버섯50g, 케일(쌈용) 3장, 달걀 2알

그밖에 올리브오일 2작은술, 소금 한 꼬집, 후추 반 꼬집, 진간장 1작은술, 맛술 1작은술, 오트밀크 2큰술

① 양송이 버섯은 4등분으로 썬다. → ② 케일은 돌돌 말아서 0.5cm로 썬다. → ③ 볼에 달걀을 깨서 넣고 오트밀크 3큰술과 간장과 맛술을 1작은술씩 넣어 곱게 풀어준다. → ④ 달군 프라이팬에 올리브오일을 두르고 ①을 넣고 중간불에 1분간 볶는다. → ⑤ ④에 ②를 넣고 소금으로 간을 한 뒤 1분간 볶는다. → ⑥ ⑤에 ③을 부어 기호에 맞도록 저어주며 익힌 뒤 불을 끈다. → ⑦ 완성 그릇에 ⑥를 담고 그 위에 올리브오일과 후추를 흩뿌려 완성한다.

LOTUS ROOT
Green Onion
EGG YOLK

11

연근　대파　달걀 노른자

주재료 연근50g, 대파 초록 부분 1줄기, 달걀 노른자 1개
그밖에 발효버터 1큰술, 진간장 2작은술, 후추 반 꼬집, 참기름 2작은술, 그리고 밥 1공기

① 연근은 깨끗이 씻어 한입 크기로 썬다. → ② 파는 최대한 곱게 썬다.
→ ③ 달군 프라이팬에 발효버터를 1큰술 넣고 녹기 시작하면 ①을
넣고 중간불에 3분간 볶는다. → ④ ③에 간장 1작은술과 후추로 간을
한 후 1분간 볶는다. → ⑤ 공기에 밥을 소담스럽게 담고
④를 올린 뒤 노른자를 곁들인 다음 ②를 올린다.
→ ⑥ ⑤에 간장과 참기름을 1작은술씩 흩뿌려 완성한다.

TOMATO *Kimchi* EGG

12

토마토 배추김치 달걀

주재료 토마토 1개, 배추김치 50g, 달걀 1개
그밖에 올리브오일 2작은술, 진간장 1작은술, 맛술 1작은술, 물, 깨소금 1작은술, 그리고 밥 ½공기

① 토마토는 꼭지를 제거하고 8등분으로 썰고, 배추김치는 잘게 썬다. → ② 뜨겁게 달군 냄비에 올리브오일을 두르고 배추김치를 넣어 2~3분 볶는다. → ③ 토마토를 넣고 1분 더 볶다가 간장과 맛술을 각각 1작은술씩 넣어 간을 한다. → ④ ③에 밥과 물 한 컵 반(약 300ml)을 넣고 중간불로 유지하며 천천히 끓도록 둔다. → ⑤ 한소끔 끓어 오르면 달걀 1개를 깨서 넣은 뒤 달걀이 기호에 맞게 익으면 불을 끄고 깨소금으로 마무리한다.

(Interview)

사소한 긍정이 쌓이는 아침의 대화

인터뷰 진행 주소은(보틀프레스 편집장)

(Q1)

"아침을 챙겨 먹는 일에 관한 책을 만들고 싶다"고 처음 제게 이야기를 꺼내던 날이 생각나요. 어머니의 한마디로 시작된 일이라고요?

원래 1일 1식을 했었어요. 아침은 커피로 시작하지만 식사는 생략하고, 일을 마치는 오후 네다섯 시에 첫 끼이자 유일한 식사를 했죠. 그렇다 보니 균형적인 식사가 아닌 자극적이고 감정적인 식사를 하게 되는 거예요. 식후에는 피곤이 한꺼번에 몰려오기도 했고요. 그러던 어느 날 이런 제 모습을 본 엄마께서 "왜 에너지를 쓰기 전에 식사를 하지 않고, 다 쓰고 나서야 밥을 먹느냐"는 질문을 하셨어요. 정말 단순한 논리인데 저도 저에게 묻게 되더라고요. 그러게, 왜 그랬지? 싶었던 거죠. 지치기 전에 채워둔다는 생각을 미처 못했던 것 같아요. 그때부터 매일 아주 간결한 조리만으로도 단백질과 섬유질을 먹을 수 있는 '아침밥'을 스스로 챙기고 있어요. 제 아침 루틴으로 자리 잡은 지 2년 정도 되어가요.

(Q2)

사람들과 함께 아침을 챙겨 먹는 온라인 모임도 진행하셨죠?

그렇게 시작된 개인적인 리추얼을 커뮤니티 서비스 '밑미'에서 제안해볼 기회가 있었고, 그때 참여한 분들로부터 몸의 직접적인 변화를 느낀다는 피드백을 들으면서 '이렇게 간단한 조식을 먹는 게 꾸준한 습관으로 자리 잡으면 좋은 변화를 가져오는구나!' 다시 실감하게 되었어요.
저도 에너지를 쓰기 전에 영양을 채우니 일하면서도 체력이 쉽게 떨어지지 않았고, 일을 마치고 나서도 탄수화물 폭식이 아니라 더 균형적인 식사를 하는 패턴이 생기기 시작했죠! 이렇게 작은 시작으로 인한 좋은 변화를 더 많은 사람들이 알게 된다면 어떨까, 몸소 체험한 것을 전하고 싶다는 생각이 싹텄어요.
제가 채소의 이로움을 이야기하고 싶어서 식공간 '베이스 이즈 나이스'를 시작했던 마음, 그 마음과 같은 마음으로 편집장님께 책으로 만들어보자는 말을 넌지시 건넸어요. ☺

(Q3)

왜 '3가지 재료만 사용하는 아침 레시피'였나요?

요리에 적용되는 보편적인 공식이 바로 '삼합'이에요. 세 가지 식재료가 모이면 서로의 부족함을 채워줘서 어떤 요리에서든 맛과 식감과 향과 색감을 풍요롭게 해주거든요. 단백질과 섬유질에 집중하지만, 지루하지 않고 좀 더 맛있게 먹는 식사를 제안하기 위해 최소 세 가지의 재료가 필요하다고 생각했어요.

(Q4)

조리법을 보면 재료를 썰어서 익히고, 무언가 흩뿌리기만 하면 되더라고요. 이번에야말로 세상 모든 요리 초보들도 레시피 뽀개기가 가능한 느낌? 다만 작가님 요리의 특징 중 하나는 상상하기 힘든 재료의 조합이 크리에이티브함으로 다가오는 점인 거 같아요. 팽이버섯과 김자반, 그릭요거트와 고추피클이라니! 어떻게 그런 조합을 상상하고 요리로 완성하나요?

그런 조합을 상상하기 이전에, '어떤 조합도 불가능하다는 생각을 하지 않는 것'이 바로 비결입니다! 어떤 식재료든 서로를 방해하거나 맛을 침범하지 않고, 적절한 선을 지키며 조화를 이룬다면 어울리지 않는 식재료는 없어요. 그러니 A에는 꼭 B, C에는 꼭 D, 이런 익숙한 틀에서 벗어나 오늘은 B와 F! 이렇게 시도해보는 거예요. 새로운 조화를 이뤄내는 향미의 케미를 누리는 과정이 즐겁답니다.

(Q5)

아침형 인간이 아니어도 이 책의 독자일 수 있을까요? 저도 작가님도 우연히 아침의 기운을 생생하게 누리는 타입이라 이런 작업까지 하게 되었지만, 주변을 둘러보면 올빼미형이 더 많더라고요.

통상적으로 하루의 시작인 아침을 기준으로 했지만, 누구에게든 첫 끼가 '첫 에너지'인 것은 변함이 없어요.

(Q6)

그래도, '아침 첫 에너지'가 작가님에게 어떤 의미인지 찬양 한번 해주세요.

사람의 마음은 가끔 정직하지 못할 때가 있을 수 있지만, 사람의 몸은 늘 정직한 것 같아요. 그래서 좋은 것을 먹으면 건강해지고, 나쁜 것이 쌓이면 병이 되기도 하지요. 그런 의미에서 아침 식사는 첫 끼가 되고 매일 아침 새로 시작하는 내 몸의 첫 에너지가 되는 거예요.
아침 식사를 꼭 먹어라, 아니다 간헐적 단식으로 아침을 건너뛰는 것이 좋다 등등 많은 설이 있고 헷갈리지만, 맑고 깨끗한 첫 에너지가 내 몸에 쌓이면 그 다음도 함부로 하지 않게 되는 마음만은 분명히 알 수 있어요. 그리고 마치 물건을 새로 사면 조심스럽게 다루듯이 아침마다 내 몸을 스스로 그렇게 대하면 분명 좋은 변화가 생길 거예요.

SHITAKE MUSHROOM
Garlic Chives
CASHEW NUT

13

표고버섯 영양부추 캐슈너트

주재료 표고버섯 2개, 영양부추 20g, 빻은 캐슈너트 1큰술
그밖에 발효버터 1큰술, 진간장 1작은술, 맛술 1작은술, 후추 반 꼬집, 올리브오일 2작은술,
그리고 밥 1공기

① 표고버섯은 기둥 끄트머리만 잘라내고 기둥째 4등분으로 썬다. → ② 영양부추는 곱게 썰어둔다.
→ ③ 달군 프라이팬에 발효버터 1큰술을 두르고 ①을 넣어 1분간 볶는다. → ④ ③에 간장과 맛술을

각각 1작은술씩 넣어 간을 한 뒤 빻은 캐슈너트 2큰술을 넣어 1분간 더 볶는다. → ⑤ 공기에 밥을 담고 ④를 올린 뒤 썰어둔 영양부추를 얹고 후추와 올리브오일을 약간 뿌려 완성한다.

BANANA *Pickled Pepper* GREEK YOGURT

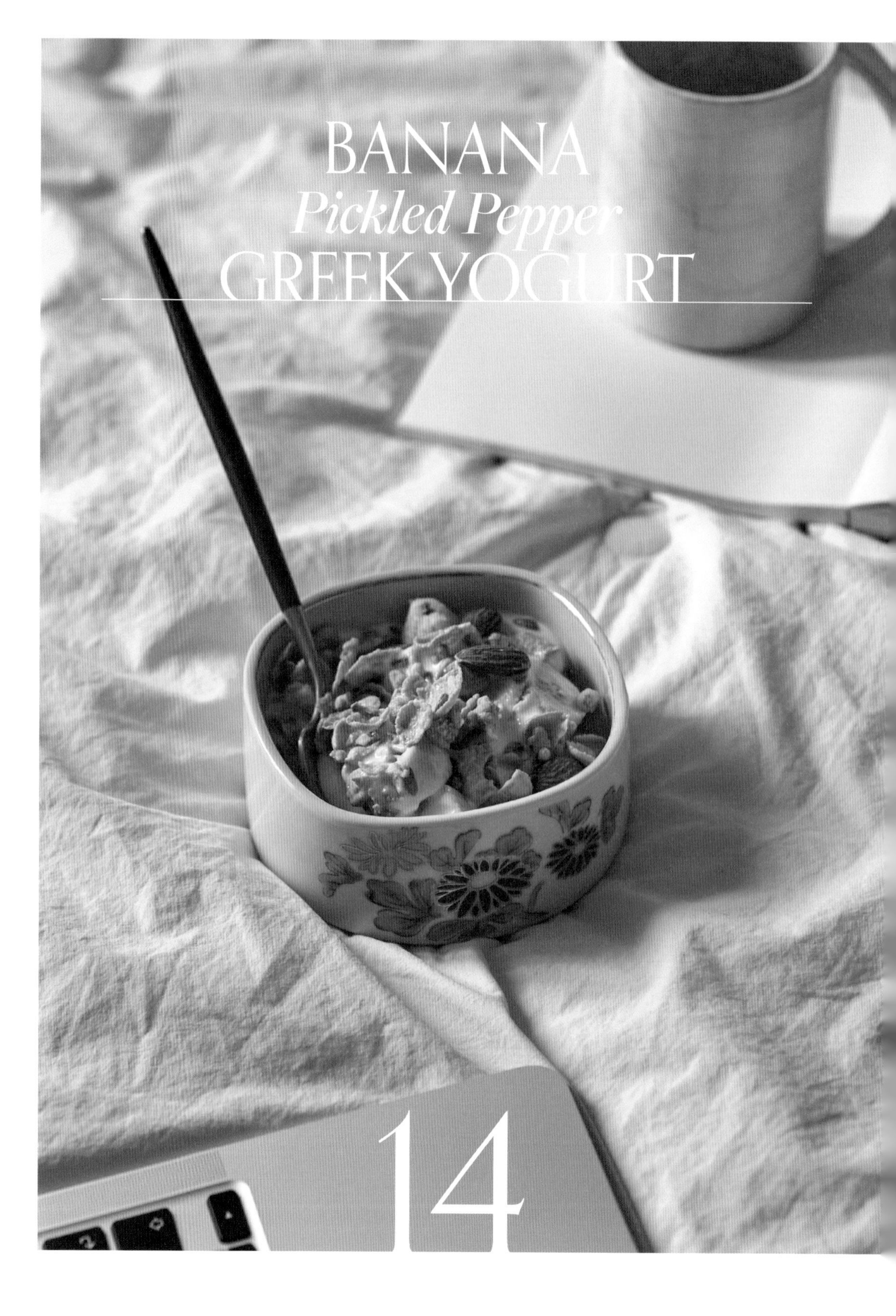

14

바나나 고추피클 그릭요거트

주재료 바나나 1개, 고추피클 1큰술, 그릭요거트 100g
그밖에 피클주스 1큰술, 꿀 1큰술, 그래놀라 2큰술, 견과류 1큰술

① 바나나는 껍질 제거 후 한입 크기로 썬다. → ② 고추피클은 잘게 다진다. → ③ 볼에 그릭요거트를 넣고 피클주스 1큰술과 꿀 1큰술을 넣어 섞는다. → ④ ③에 바나나와 다진 고추피클을 넣어 섞는다. → ⑤ 그래놀라와 견과류를 올려 완성한다.

Chobani
Greek Yogurt
Non-Fat Plain

BEAN SPROUTS
Fried Tofu
CHEESE

15

숙주 유부 치즈

주재료 숙주 50g, 유부초밥용 유부 100g, 슬라이스 치즈 1장
그밖에 물 1큰술, 진간장 1작은술, 맛술 1작은술, 후추 반 꼬집, 올리브오일 2작은술, 그리고 밥 ½공기

① 숙주는 세척 후 물기를 뺀다. → ② 유부는 0.5cm로 썬다. → ③ 달군 프라이팬에 숙주를 넣고 물을 1큰술 넣어 중간불에 2분간 볶는다. → ④ ③에 유부를 넣고 간장과 맛술을 1작은술씩 넣어 간을 한다. → ⑤ ④에 치즈를 넣고 치즈가 녹으면 불을 끄고 골고루 섞는다. → ⑥ 완성 그릇에 밥을 담고 ⑤를 담뿍 올려 후추와 올리브오일을 끼얹은 후 마무리한다.

"You are what you eat"이라는 말을
이따금 입안에 넣고 동글동글 굴려봐요.

내가 먹은 음식이 곧 나다.

또 가끔은 음식이 약이 되어주는
순간에 대해서도 생각해요.

보통의 채소가 품은 작고 경쾌한 건강함이
우리에게 약이 되는 음식으로
거듭나는 순간이요.

심지어 맛까지 좋은 약이라니,
너무나 친절한 식재료라는 생각을
하지 않을 수 없어요.

'채소의 친절함'

생기와 윤기가 깃든 음식으로
차오르는 몸과 마음 속 맑은 에너지.

'생기와 윤기'

KING OYSTER MUSHROOM
Napa Cabbage
ALMOND

16

새송이버섯 알배기배추 아몬드

주재료 새송이버섯 1개, 알배기배추 2장, 아몬드 슬라이스 1큰술
그밖에 물 1큰술, 미소된장 1작은술, 진간장 1작은술, 맛술 1작은술, 참기름 1작은술, 그리고 밥 ½공기

① 새송이버섯은 밑동을 잘라내고 6등분 한다. → ② 알배기배추는 지그재그로 썬다. → ③ 달군 프라이팬에 새송이버섯을 넣고 물을 1큰술 넣어 중간불로 2분간 볶는다. → ④ ③에 미소된장과 간장과 맛술을 1작은술씩 넣어 간을 하고

1분간 더 볶다가 알배기배추를 넣어 익힌다. → ⑤ ④가 알맞게 익으면 불을 끄고 아몬드 슬라이스를 넣어 섞는다. → ⑥ 완성 그릇에 밥을 담은 뒤 ⑤를 가지런히 올리고 참기름을 끼얹어 마무리한다.

BROCCOLI *Cheese* EGG

17

브로콜리 치즈 달걀

주재료 브로콜리 100g, 슬라이스 치즈 2장, 달걀 2개
그밖에 물 1큰술, 소금 한 꼬집, 후추 반 꼬집, 메이플 시럽 1작은술

① 브로콜리는 한입 크기로 썬다. 미리 데쳐둔 냉동 브로콜리를 써도 좋다. → ② 달군 프라이팬에 브로콜리를 넣고 물을 1큰술 넣어 중간불에 2~3분간 볶는다. → ③ ②에 소금, 후추로 간을 하고 1분간 더 볶는다. → ④ 브로콜리가 부드러워지면 치즈를 넣어 치즈가 녹을 때쯤 달걀을 넣어 섞는다. → ⑤ 달걀이 기호에 맞게 익으면 불을 끄고 메이플 시럽을 끼얹어 완성한다.

CHAM-NAMUL *Onion* SOFT BOILED EGG

18

참나물 양파 반숙란

주재료 참나물 30g, 양파 ½개, 반숙란 1개

그밖에 발효버터 1큰술, 소금 한 꼬집, 후추 반 꼬집, 홀그레인 머스터드 1작은술, 그리고 바게트

① 양파를 0.5cm로 썰고, 참나물은 잎과 줄기 모두 4cm로 썬다. → ② 달군 프라이팬에 발효버터 1큰술과 양파를 넣고 중간불에 2분간 볶는다. → ③ ②에 참나물을 넣고 소금과 후추로 간을 하고 불을 끈다. → ④ ③에 홀그레인 머스터드 1작은술을 넣어 골고루 섞는다. → ⑤ 토스트한 바게트 위에 ④를 듬뿍 올리고 후추를 뿌려 마무리한다. → ⑥ 반숙란을 곁들인다.

하루 중 가장 찰나처럼 여겨지는,
속보하듯 제 몫보다 빠르게 흐르는 게
아침 시간 같아요.

그리고 그런 아침 시간을 진정시키기라도 하듯
스스로에게 '여유'를 슬쩍 내밀어 봅니다.

이내 그 '여유'는 나의 하루 안에서
맑고 상냥한 에너지라는 움을 틔우죠.

'여유라는 씨앗'

'몸 건강히 마음 편안히'

andar

남들만큼 운동에 바지런하지 못해요.
그 사실이 반드시 지켜야 할 약속을 어기고 있는 것처럼
잘못하고 있는 기분을 들게 했죠.

그러다가 어느 날,
그 잘못으로부터 조금은 자유로워지고 싶어서
스스로 지킬 수 있는 정도의 약속을 해보자는 다짐을 했고
10분을 넘기지 않는 스트레칭을 매일 아침 해봤어요.

그게 무엇이든 꾸준함이 쌓인다는 것은
분명 힘이 있다는 것을 또 한번 깨닫게 됐고요.

10분이 주는 여러 변화도 놀라웠지만
매일 아침을 작은 성취감으로 시작하다 보니
점점 더 괜찮은 하루를 만들고 싶어지는 것 같아요.

BURDOCK
Green Peas
CHEESE
19

우엉 완두콩 치즈

주재료 우엉 30g, 냉동 완두콩 3큰술, 슬라이스 치즈 1장
그밖에 물 1큰술, 진간장 1작은술, 맛술 1작은술, 후추 반 꼬집, 올리브오일 1큰술, 그리고 통곡물밥 ½공기

① 우엉은 껍질째 세척 후 어슷하게 썬다. → ② 달군 프라이팬에 올리브오일을 두르고 우엉을 넣고 중간불에 3분간 볶는다. → ③ ②에 완두콩을 넣고 간장과 맛술을 1작은술씩 넣어 간을 한다. → ④ ③에 통곡물밥을 넣은 뒤 물을 1큰술 더해 골고루 섞으며 볶다가 치즈를 넣어 치즈가 녹으면 불을 끈다. → ⑤ 완성 그릇에 담고 후추와 올리브오일을 흩뿌려 완성한다.

ALMOND MILK *Tofu* PEANUT BUTTER

20

아몬드밀크　두부　피넛버터

주재료 아몬드밀크 한 팩(190ml), 두부 ¼모, 피넛버터 1큰술
그밖에 바나나 1개, 으깬 땅콩 1작은술

① 블렌더 볼에 아몬드밀크, 두부, 피넛버터, 바나나를 넣고 곱게 갈아준다.
→ ② 컵에 ①을 붓고 으깬 땅콩을 더해서 완성한다.

한 해를 맞이하는 첫날에는
마음 정돈이 가장 잘 되는 것 같아요.

바라는 것과 지켜야 할 것을 가지런히 떠올리며
모든 게 이뤄지고 지켜지기를 바라는
보송보송한 마음으로 첫날을 보내게 되잖아요.

아침마다 그런 마음이
오늘 하루를 위해 내 안에 슬며시 피어오른다면
어쩌면 좀 더 나은 하루가 될 수도 있지 않을까 생각해봅니다.

'매일 매일이 새날'

스스로에게 건네는

싱싱하고 다정한 아침인사.

'아침 식사'

0 6
백미
예약
메뉴

(Q7)

《허 베지터블스》에서는 베이스이즈나이스 대표이자 푸드 디렉터로 일하는 법에 대해 주로 여쭈었다면, 이번에는 장진아라는 사람이 지닌 태도에 대해 이야기하고 싶어요. 무엇보다 '나'를 잘 아는 느낌, 건강한 자기 객관화에 기반해 내가 나를 대하는 태도가 인상 깊었어요.

처음부터 일과 나를 잘 다스린 건 아니었어요. 저도 제 일을 정말 사랑하다 보니, 일을 아무리 해도 지치지 않는 것 같기도 했죠. 그러다 제 자신이 좀 걱정되는 순간이 왔고, 심리상담가를 찾아가 물었어요. "제가 일 중독일까요? 이대로도 괜찮을까요?" 하고요. 제 이야기를 다 듣고 나서 해준 답 중에 "보통은 노동과 여가가 나뉘어 있는데, 당신은 노동 안에 여가가 존재하는 이상적인 케이스"라던 말이 기억에 남아요. 그러면서도 그때 명확하게 생각하게 된 부분이 있어요. 무리하는 순간 이 이상적인 밸런스도 무너질 수 있겠다, 그러니 내가 스스로 컨트롤해야 한다 싶었죠. 그게 뉴욕에서 일할 때 있었던 일인데 이제 수년이 흘렀고, 지금은 하고 싶은 것과 무리하지 않는 것이 만나는 접점에서 딱 멈춰요. 그 선을 넘지 않는 것이 결국 내가 행복하게 즐기며 일하는 것이라는 걸 잘 알고 있기 때문이에요.

(Q8)

채소 친화 식공간 '베이스 이즈 나이스'가 국립극장 무대에 오르는 공연 <베이스 이즈 나이스>가 되던 순간에 대해서도 얘기해보면 어떨까요? 어쩌면 누군가에게는 상상해보기도 힘든 순간이 벌어졌고, 어려워 보이는 제안에 기꺼이 응하셨잖아요. 그럴 수 있었던 동기는 어디서 왔을까요?

공연 <베이스 이즈 나이스>를 만들어준 크리에티브 디렉터 박우재 님은 식공간 '베이스 이즈 나이스'의 오랜 단골손님이었어요. 처음에는 이 식당을 음악으로 옮겨보자고 하니까 무슨 뜻인지 이해하기도 힘들었죠.
이 장소에서 식사할 때의 감흥 그 자체를 공연으로 옮겨보고자 하는 의도를 이해하면서는 제안 자체만으로도 감개무량했어요. 그동안 손님으로 오셔서 음식과 공간을 진심으로 즐기는 모습에서 신뢰가 생기기도 했고요. 공연을 함께 만들 연주자와의 자리를 제주에서 마련하셨는데, 그때 대금연주자 차승민 님을 처음 만났고 첫 대화부터 공연의 스케치가 자연스럽게 그려졌어요. '환영의 온도', '위로의 언어', '회복의 시간' 그리고 '베이스 이즈 나이스'. 차승민 님은 음식과 공간을 경험한 후 얻은 영감을 토대로 동명의 곡 <베이스 이즈 나이스>를 만드셨죠. 음악과 함께한 차승민 님의 길과 음식과 함께한 저의 길을 담아 공연의 스토리텔링을 담당해줄 영상 제작을 위해 다큐 감독 최강희 님도 합류하면서, 물음표로 가득했던 공연의 모습은 조금씩 선명해지고 채워졌어요.
저는 연주자가 아니어서 공연하는 동안 객석에 앉아 벅찬 마음으로 지켜봤는데, 차승민 님이 모든 연주가 끝나고 저를 불러 무대 한쪽에 앉힌 뒤 첫 곡이었던 <베이스 이즈 나이스>를 앙코르로 다시 연주했어요. 순간 눈물이 왈칵 쏟아지더라고요.
공연이 끝나고 나서, 박우재 감독님이 이 아이디어를 떠올린 건 '베이스 이즈 나이스'에서 받아온 환대를 돌려주고 싶어서였다는 말을 들었어요. 아마 제가 무대에서 눈물을 참지 못한 것은 그런 마음들이 제 마음까지 고스란히 잇닿았기 때문인가 봐요.

(Q9)

평소 만날 일 없던 음악가, 연출가 등과 호흡을 맞추며 공연을 완성하는 건 쉽지 않았을 것 같은데, 이를 가능하게 한 건 뭐라고 생각하세요?

제일 큰 건, 크리에이티브 디렉터 박우재 님의 경청하는 리더십이었어요. 분명 처음 아이디어를 떠올린 사람으로서 원하는 방향이 있었을 텐데, 연주자와 영상 감독이 자유롭게 그려 나가도록 뒤에서 지켜보는 모습이 정말 놀라웠어요.
거기에 더해 차승민 님과 최강희 님이 고된 창작의 과정을 깊이 마음 써가며

완성해가는 것을 그저 감동하며 지켜봤고요. 서로 존중하며 사려 깊은 자세, 때로는 그게 전부인 것 같아요.

(Q10)

공연 <베이스 이즈 나이스>가 작가님께 남긴 것이 있다면요?

제가 생각하는 '아름다움'을 음식에 담아서 전하는 일이, 누군가에게 어떤 영감이 되어서 또 다른 '아름다움'으로 만들어지는 과정을 직접 경험하게 된 거죠. 아름다움을 발견했다면 그것을 나만의 방식으로 표현해내는 일이 얼마나 가치로운 것인지 다시 깨닫게 되었어요.

(Q11)

여전히 베나는 여러 매체의 취재나 기고 요청을 받고 또 진행하고 있잖아요. 미디어 노출이 어쩌면 피로할 수 있고, 충분하다고 생각할 수 있는데 여전히 응하고 환대하는 이유가 있나요?

비슷한 질문을 받으면 비슷한 답변을 하게 되어서, 같은 말을 반복하는 저는 피로하거나 지루할 수 있어요. 하지만 여전히 취재나 기고 요청이 오는 것은 아직 이 메시지를 못 들은 사람들이 있다는 것이고, 여전히 이 식공간이 궁금한 사람들이 존재한다는 의미라서 감사한 마음으로 최대한 열심히 응하고 있습니다. 또한 가까이 존재하는 채소의 이로움을 아직 모르고 있는 분이 계시다면 꼭 알려드리고 싶은 저의 진심이 가장 큰 원동력이 되는 것 같아요.

(Q12)

가끔은 제가 만든 책이 제 손을 떠난 뒤에는 책을 품에 넣은 사람들과 각자의 이야기를 만들며 스스로 수명을 이어간다는 생각이 들어요. 베이스이즈나이스, 채소밥, 이곳을 찾은 사람들 사이에서도 그런 일이 벌어질 것 같은데, 베나에서는 어떤 일이 일어나고 있나요?

직접 요리를 하고 음식을 내어드리지만, 음식을 마주한 순간부터 식사를 하는 경험은 손님들 각자의 것이 되는 거라고 생각해요. 식사를 마치고 나가면서 행복했다는 말씀을 하시는 분들은 단출한 한 끼 식사에도 행복을 느낄 수 있는 분들이라 가능한 것이고, 소중한 사람이 생각난다는 분들은 좋은 것을 기꺼이 주고 싶은 사랑이 많은 분들이고, 공간과 채소가 예쁘다고 하시는 분들은 소탈한 모습에도 아름다움을 느끼는 시선을 가진 분들이죠. 그래서 저는 이 공간의 부분일

뿐이고, 오시는 분들이 머물며 느꼈던 마음과 좋은 기억들이 차곡차곡 쌓여서 '베이스 이즈 나이스'가 만들어지고 있다는 걸 느껴요. 이건 분명해요.

(Q13)

저는 요즘 업무 시작 전 커피를 마실 때, 그리고 오늘 손에 잡아야 하는 일이 명확할 때 행복을 느껴요. 작가님은 하루 중 어떤 시간에 '좋다, 충분하다'는 느낌을 받나요?

'베이스 이즈 나이스'에서는 아침 일찍 싱싱한 채소를 손질하고, 팬 위에서는 지글지글 채소가 익어가고, 냄비 안에서는 보글보글 채수가 끓어 오르고, 밥솥에서는 향긋한 밥 냄새가 솔솔 나요. 창을 통해 스며드는 햇볕과 부엌 여기저기서 피어오르는 하얀 수증기들이 기분 좋게 포개지면서 포근한 아침 정경을 만들어요. 하루가 본격적으로 시작될 채비가 된 느낌이 드는 순간. 그 순간 같아요.

(Q14)

《허 베지터블스》 출간 이후 시간이 흐르면서 책 한 권 세상에 내어놓는 일이 얼마나 진심을 멀리 보내는 일인지 다시 한번 느낄 수 있었어요. 《나이스 모닝》 독자들에게 남기고 싶은 이야기는요?

'여유'라는 씨앗이 움틔우는 맑고 건강한 에너지.
'사소한 긍정'에서 비롯된 정돈된 마음.
내가 나를 대하는 '태도와 온도'가 바꾸는 것들.
스스로를 칭찬하는 습관이 쌓이는 '작은 성취감'.
이 모든 것은 '조그맣고 수수한 계획의 시작'으로 가능한 것이므로,
그 '시작'을 선물해드리고 싶은 마음으로 글을 마칩니다.

Nice Morning

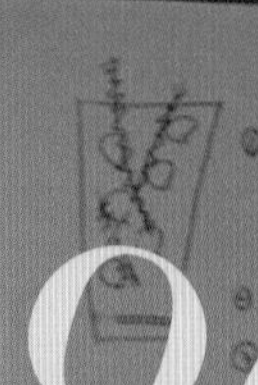
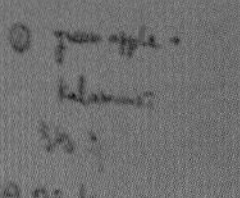
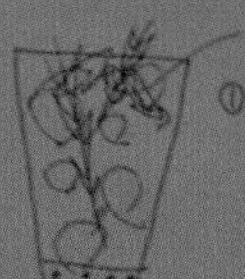
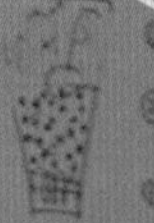

Nice Morning
Nice Morning
Nice Morning

1판 1쇄 펴냄 2023년 1월 20일
1판 3쇄 펴냄 2023년 10월 7일

지은이 장진아
사진 강현욱
기획·편집 주소은
디자인 Relish

펴낸곳 | 보틀프레스
주소 | 서울시 마포구 도화4길 41, 102동 3층
출판등록 | 2018.11.26. 제2018-000312호
문의 | hello.bottlepress@gmail.com

ISBN 979-11-91725-06-3